Bibliografische Information der Deutschen Nationalbibliothek:

Die Deutsche Bibliothek verzeichnet diese Publikation in der Deutschen National-bibliografie; detaillierte bibliografische Daten sind im Internet über http://dnb.d-nb.de/ abrufbar.

Impressum:

Copyright © 2015 GRIN Verlag, Open Publishing GmbH
Druck und Bindung: Books on Demand GmbH, Norderstedt Germany
ISBN: 9783668349926

Marvin Kemper, Tim Spürkel

Absorption und Streuung von Alpha-Strahlen

Versuchsprotokoll

GRIN Verlag

BERGISCHE UNIVERSITÄT WUPPERTAL
FAKULTÄT FÜR
Mathematik und Naturwissenschaften
FACHGRUPPE PHYSIK

FORTGESCHRITTENEN PRAKTIKUM

Absorption und Streuung von Alpha-Strahlen

Marvin Kemper und Tim Spürkel

Abstract (Kurzbeschreibung)

Die Rutherford-Streuformel konnte durch die Streuung von
Alphateilchen an Goldfolie bestätigt werden. Die Rückstreuung wurde beobachtet und die Kernladungszahl von Aluminium konnte auf $(13,2 \pm 0,9)$e bestimmt werden. Zusätzlich
wurde die Reichweite und der Energieverlust von Alphastrahlung in Luft bestimmt und die Abschirmung von Aluminium
und verschieden dickem Papier qualitativ betrachtet.

Durchgeführt am: 07.12.15 Protokollfertigstellung: 22. Dezember 2015

Bewertung Protokoll	max. %	+/0/-	erreicht %
Formales	6		
Einleitung & Theorie	6		
Durchführung Auswertung phys. Diskussion Zusammenfassung	33		
Qualität der Messung	15		

Inhaltsverzeichnis

1 Einführung   4

2 Theorie   4
2.1 Wirkungsquerschnitt 4
2.2 Rutherfordsche Streuformel 5
2.3 Bethe-Bloch-Gleichung 5
2.4 Bragg-Kurve 6
2.5 Energie-Reichweite Beziehung 7

3 Aufbau   7
3.1 Rutherford-Streukammer 7
3.2 Spektroskopiekammer 8

4 Durchführung und Auswertung   10
4.1 Rutherford-Streuung an Gold 10
4.2 Rückstreuung 11
4.3 Bestimmung der Kernladungszahl von Aluminium 12
4.4 Reichweitenbestimmung der Alphateilchen in Luft 13
4.5 Energieverlust von α-Strahlung in Luft 15
4.6 Abschirmung von Alphastrahlung 21

5 Fazit   22

Abbildungsverzeichnis

1 Braggkurve theor. 6
2 Rutherford-Streukammer 7
3 Spektroskopiekammer außen 8
4 Spektroskopiekammer innen 9
5 Rutherford-Streuung Gold 11
6 Rutherford-Streuung Aluminium 12
7 Reichweite Alphastrahlung 14
8 Radiumspektrum 16
9 Kalibrationsgerade 17
10 Energieverlust 19
11 Braggkurve 20
12 Counts 20
13 Abschirmung 21

Tabellenverzeichnis

1 Goldfolie 10
2 Aluminiumfolie 12
3 Kanal-Energie-Zuordnung 15
4 Weglänge-Energie-Zuordnung 18

1 Einführung

In diesem Versuch wird der historische Streuversuch von Rutherford mit modernen Experimentiertechniken durchgeführt und erweitert. Zusätzlich zur Verifizierung der Rutherfordschen-Streuformel wird die Rückstreuung an Gold untersucht, die Kernladungszahl von Aluminium durch die Streuung bestimmt und die Reichweite der Alpha-Strahlung betrachtet.
Zusätzlich wird in einer separaten Spektroskopiekammer das Spektrum des Alpha-Zerfalls von Radium aufgenommen und ebenfalls die Energie-Reichweitenbeziehung betrachtet. Schließlich wird die Abschirmung der Alpha-Strahlung von Aluminium und 2 Sorten Papier untersucht.

2 Theorie

In diesem Abschnitt werden die wichtigsten theoretischen Grundlagen für den Versuch erläutert.

2.1 Wirkungsquerschnitt

Der Wirkungsquerschnitt (im Folgenden WQ) ist ein Maß für die Wahrscheinlichkeit, dass zwischen einem einfallenden Teilchen und einem anderen Teilchen eine bestimmte Wechselwirkung wie z. B. ein Streuprozess oder eine Reaktion stattfindet.
Jedem Zielteilchen (Targetteilchen) wird eine Fläche σ als gedachte "Zielscheibe" zugeordnet. Deren Größe wird so gewählt, dass die interessierende Wechselwirkung stattfindet, wenn ein einfallendes, punktförmig – also ausdehnungslos – gedachtes Teilchen diese Scheibe trifft, und dass sie nicht stattfindet, wenn es die Zielscheibe verfehlt. Diese hypothetische Fläche ist der WQ für diese Wechselwirkung bei der gegebenen Energie der einfallenden Teilchen. Die Wahrscheinlichkeit w, dass ein einfallendes Teilchen mit einem Targetteilchen wechselwirkt, errechnet sich aus

$$w = \frac{\sigma N_T}{F},\tag{1}$$

wobei N_T die Anzahl der Targetteilchen auf der bestrahlten Targetfläche F ist. Vorausgesetzt wird, dass $\frac{N}{F} << 1$ ist, damit sich die Targetteilchen nicht gegenseitig abschatten.

Die Wahrscheinlichkeit kann auch ausgedrückt werden als das Zahlenverhältnis von wechselwirkenden Teilchen N_W zu insgesamt einlaufenden Teilchen N:

$$w = \frac{N_W}{N}.\tag{2}$$

Das Verhältnis des WQ zur Targetfläche ist also die Zahl der Wechselwirkungen pro eingestrahltem Teilchen und pro Targetteilchen:

$$\frac{\sigma}{F} = \frac{N_W}{N_T N}. \tag{3}$$

Die Ableitung des WQ nach dem Raumwinkel Ω ist proportional der Wahrscheinlichkeit dafür, dass bei der Wechselwirkung das gestreute Teilchen (oder Reaktionsprodukt usw.) in einen infinitesimalen Raumwinkelbereich (Kegel) $d\Omega$ hinein fliegt, der in einer bestimmten Richtung gelegen ist:

$$\frac{\mathrm{d}\sigma}{\mathrm{d}\Omega} \tag{4}$$

Dieser differenzielle WQ hat die Größenart Fläche pro Raumwinkeleinheit und als Maßeinheit z.B. Millibarn/Steradiant. Er hängt (außer, wie jeder WQ, von der Primärenergie, der Energie des einfallenden Teilchens) auch von der Richtung ab, d.h. vom Winkel, um den das Teilchen z.B. gestreut wird. Als Funktion dieses Winkels betrachtet heißt er auch Winkelverteilung. Die Summe (das Integral) dieses differenziellen WQ über alle Richtungen ist der (im Sinne von integrale) totale WQ. [1]

2.2 Rutherfordsche Streuformel

Der Rutherford-Streuversuch, erstmals 1910 durchgeführt von Ernest Rutherford, Ernest Madsen und Hans Geiger, untersuchte die Streuung von Alpha-Teilchen an Gold-Atomkernen. Durch die Verteilung der gestreuten Teilchen konnten Rückschlüsse auf die Struktur des Streuzentrums getroffen werden und man erhielt dadurch erstmals Hinweise auf die starke Konzentration der positiven Ladung im Zentrum, dem Atomkern. [2]

$$\frac{\mathrm{d}\sigma}{\mathrm{d}\Omega} = \left(\frac{1}{4\pi\varepsilon_0} \frac{Z_1 Z_2 e^2}{4E_0} \right)^2 \frac{1}{\sin^4\left(\frac{\vartheta}{2}\right)} \tag{5}$$

2.3 Bethe-Bloch-Gleichung

Bei der Bewegung von Alphateilchen durch Materie verlieren diese Energie, da umliegende Atome ionisiert werden. Dieser Energieverlust pro Wegstrecke für verschiedene Energien wird durch die sogenannte Bethe-Bloch-Gleichung beschrieben:

$$-\frac{\mathrm{d}E}{\mathrm{d}x} = \frac{4\pi n z^2}{m_e c^2 \beta^2} \cdot \left(\frac{e^2}{4\pi\varepsilon_0} \right)^2 \cdot \left[\ln\left(\frac{2m_e c^2 \beta^2}{I \cdot (1-\beta^2)} \right) - \beta^2 \right] \tag{6}$$

Für kleine Energien, also kleine Teilchengeschwindigkeiten ($\beta \ll 1$) und spezifisch für Alphastrahlung (z=4) reduziert Gleichung 6 sich zu:

$$-\frac{\mathrm{d}E}{\mathrm{d}x} = \frac{64\pi n}{m_e v^2} \cdot \left(\frac{e^2}{4\pi\varepsilon_0}\right)^2 \cdot \ln\left(\frac{2m_e v^2}{I}\right) \tag{7}$$

Für sehr kleine Energien bleibt diese nur gültig, wenn die Energie noch hoch genug ist, sodass keine Hüllenelektronen mitgeführt werden. [3]

2.4 Bragg-Kurve

Der Energieverlust pro Wegstrecke wird durch die Bragg-Kurve in Abbildung 1 dargestellt. Charakteristisch ist hier der sogenannte Bragg-Peak, welcher zeigt, dass der Energieverlust pro Wegstrecke kurz bevor das Teilchen stoppt ein Maximum besitzt.

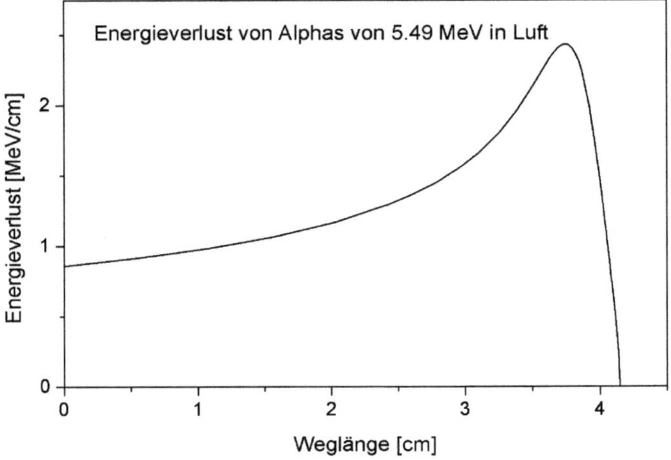

Abbildung 1: Energieverlust pro Wegstrecke gegen Wegstrecke die sogenannte Braggkurve [4]

2.5 Energie-Reichweite Beziehung

Die Reichweite von Alphateilchen in Luft mit Emissionsenergie E_0 wird durch die nichtrelativistische empirische Reichweitenbeziehung von Geiger beschrieben:

$$R = 3,1 \cdot E_0^{\frac{3}{2}} \tag{8}$$

R ist hierbei in mm und E_0 in MeV anzugeben. Die Beziehung erhält man durch Integration der Bethe-Bloch-Formel. [5]

3 Aufbau

Der Aufbau setzt sich aus zwei verschiedenen Vakuumkammern zusammen in denen unabhängig voneinander die verschiedenen Versuchsteile durchgeführt werden.

3.1 Rutherford-Streukammer

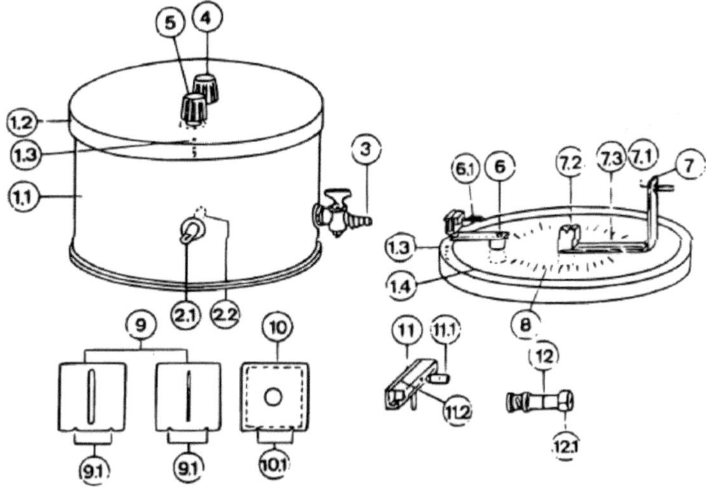

Abbildung 2: Rutherford Streukammer mit Bezeichnungen die [6] zu entnehmen sind. [6]

Die Rutherford-Streukammer besteht aus einer Vakuumkammer mit durchsich-
tigem Plexiglasdeckel an dem eine Skala zum Ablesen des Winkels angebracht
ist. Mit einem Schwenkarm kann der zu detektierende Winkelausschnitt variiert
werden. Der genaue Aufbau ist in Abbildung 2 zu erkennen.

3.2 Spektroskopiekammer

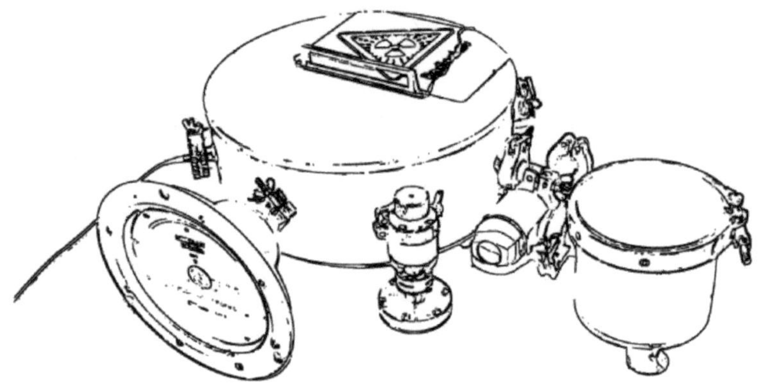

Abbildung 3: Spektroskopiekammer außen [6]

Die Spektroskopiekammer ist ebenfalls eine Vakuumkammer jedoch im Vergleich
zur Rutherfordkammer um einiges größer und ohne Schwenkarm und Plexiglass-
skala. Der genaue Aufbau kann Abbildung 3 (außen) und Abbildung 4 (innen)
entnommen werden.

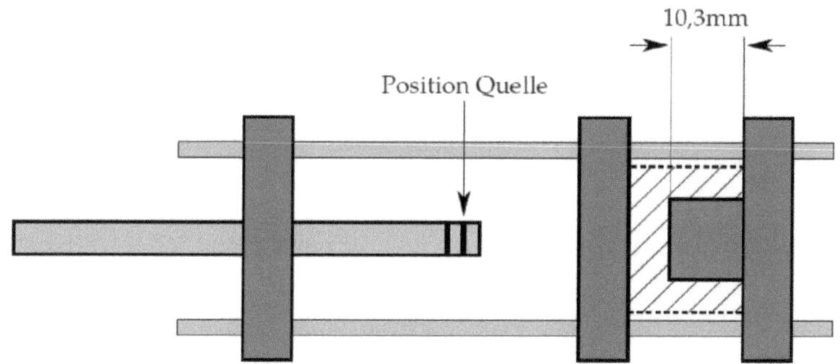

Abbildung 4: Spektroskopiekammer innen mit Abständen [6]

4 Durchführung und Auswertung

4.1 Rutherford-Streuung an Gold

Die Gültigkeit der Rutherford-Streuformel soll durch Messung der Streuung von Alphateilchen an einer Goldfolie verifiziert werden.

Hierzu wird die Alphastrahlung einer Americium Quelle nach der Streuung an der Goldfolie winkelabhängig von einem Detektor aufgenommen und anschließend auf $\sin^{-4}$-Abhängigkeit überprüft. Zu beachten ist, dass durch das Einsetzen der Goldfolie ein Winkeloffset entsteht, welcher im Fit berücksichtigt werden muss. Die Zählrate wird zwischen $-30°$ und $30°$ in $5°$ Schritten gemessen.

Tabelle 1: Messwerte der Streuung an einer Goldfolie

Winkel [°]	$\mu(\Delta\mu)$
-30	0,03 (0,01)
-25	0,05 (0,01)
-20	0,09 (0,02)
-15	0,29 (0,03)
-10	1,62 (0,08)
-5	10,5 (0,18)
5	7,4 (0,16)
10	0,91 (0,06)
15	0,16 (0,02)
20	0,05 (0,01)
25	0,02 (0,01)
30	0,01 (0,01)

Die Messwerte wurden in Abbildung 5 logarithmisch aufgetragen und die Rutherford-Formel angefittet. Fitfunktion:

$$f(\theta) = \frac{a}{\sin^4 \frac{\theta - \theta_0}{2}} \tag{9}$$

Die Parameter des Fits sind:

$$a = (3,2 \cdot 10^{-5} \pm 0,1 \cdot 10^{-5})\tfrac{1}{s}$$
$$\theta_0 = (-0,22 \pm 0,04)°$$

Mit einem reduzierten χ^2 von 0,12

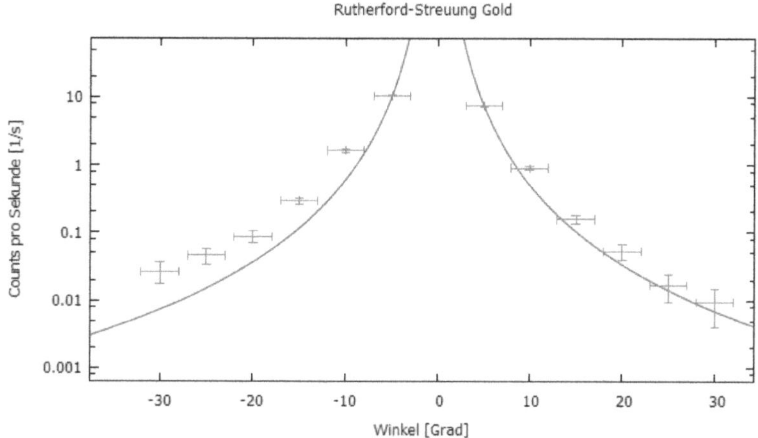

Abbildung 5: Messung der Streuung an Goldfolie mit Fit

Allgemein passen die Messwerte gut zum theoretisch erwartetem Verlauf. Man erkennt jedoch eine leichte Verschiebung der linken Flanke nach oben. Dies lässt darauf schließen, dass Messwerte und Fit einen Winkel-Offset haben obwohl dieser in der Fitfunktion schon implementiert ist. Der Messpunkt bei 0° wurde fälschlicherweise unter der Annahme einer Polstelle nicht gemessen, obwohl, wie erst im Nachhinein klar wurde, durch den nicht bekannten Offset die Polstelle nicht bei 0° liegen muss. Durch hinzunahme dieses Messwertes hätte wahrscheinlich ein genaueres Ergebnis gerade auch im Bezug des Winkeloffsets erzielt werden können.

4.2 Rückstreuung

Der Schwenkarm wird auf einen Winkel von 150±2 eingestellt, sodass die Rückstreuung an der Goldfolie gemessen werden kann. Aufgrund der sehr gering erwarteten Anzahl der Ergebnisse wurde diesmal keine Rate gemessen, sondern direkt die einzelnen Counts. Zudem wurde eine Messzeit von $62 \pm 0,5$ Minuten gewählt. Über diesen Zeitraum konnte eine Anzahl von 4 Counts gemessen werden. Für die Rate erhält man somit einen Wert von 0,00108 Counts pro Sekunde. Berechnet man für 150° mit den Fit-Parametern aus der Rutherford-Streuung an Gold den theoretischen Wert (vgl. Gleichung 9) erhält man $3,664 \cdot 10^{-5}$. Dieser Wert ist um mehrere Größenordnungen kleiner als die Messung. Aufgrund dieser großen Abweichung von Theorie und Messung ist es nicht Sinnvoll die Ergebnisse aus der Rutherford-Streuung mit diesen zu ergänzen, sondern die Rückstreuung als eigenen Effekt zu betrachten.

4.3 Bestimmung der Kernladungszahl von Aluminium

In diesem Versuchsteil wurde analog zum ersten die winkelabhängige Rate für die Streuung an einer Aluminiumfolie zwischen -15° bis 15° gemessen. Der kleinere Messbereich wurde aufgrund der geringeren Kernladungszahl von Aluminium und der somit geringeren erwarteten Streuung gewählt.

Tabelle 2: Messwerte der Streuung an einer Aluminiumfolie

Winkel [°]	$\mu(\Delta\mu)$
-15	0,02 (0,01)
-10	0,2 (0,03)
-5	7,3 (0,15)
0	28,8 (0,32)
5	3,8 (0,1)
10	0,06 (0,01)
15	0,055 (0,003)

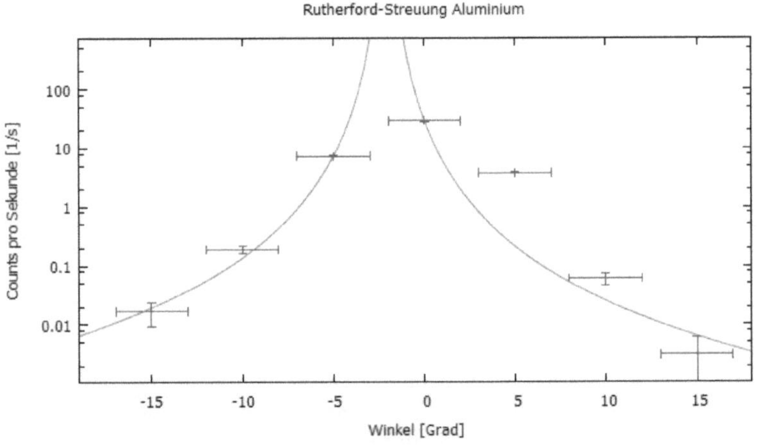

Abbildung 6: Messung der Streuung an der Aluminiumfolie mit Fit

Die Messwerte sind logarithmisch aufgetragen in Abbildung 6 zu sehen. Wieder wurde die Rutherford Formel nach Gleichung 9 an die Messwerte gefittet. Die Parameter ergeben sich zu:

$$a = 3,1 \cdot 10^{-6} \pm 0,4 \cdot 10^{-6}$$
$$\theta_0 = -2,08 \pm 0,07$$

Mit einem reduzierten χ^2 von 2,54

Auffällig ist die schlechte Übereinstimmung des Messwertes bei 5°, welcher im Gegensatz zu den restlichen Werten weit von der Erwartung abweicht. Vermutlich handelt es sich hier aus unbekannten Gründen um eine Fehlmessung, weshalb dieser Messwert im Fit vernachlässigt wurde.

Mithilfe der Parameter des Fits und der Werte aus der Messung von Gold kann man die Kernladungszahl von Aluminium nach der Formel

$$Z(al) = Z(Au) \cdot \sqrt{\frac{d(au)}{d(al)} \cdot \frac{a(al)}{a(au)}} \tag{10}$$

bestimmen. Es ergibt sich ein Wert von $(13,2 \pm 0,9)$e. Dieser stimmt innerhalb der Fehler sehr gut mit dem Literaturwert überein. Hier ist eine zusätzliche Mittelung über viele Einzelmessungen nicht nötig, da durch die Benutzung der Parameter des Fits dies schon vorhanden ist.

4.4 Reichweitenbestimmung der Alphateilchen in Luft

Die Reichweite von Alphateilchen in Luft soll gemessen werden. Hierzu wird keine Target-Folie in die Kammer gebracht und bei festem Winkel von 0° die Zählrate in Abhängigkeit des Druckes gemessen. Zu beachten ist, dass das Americium-Präperat durch eine ca. $3\mu m$ dicke Goldfolie abgeschirmt ist, wodurch sich die effektive Energie auf etwa 4,5 MeV verringert. Aus dem idealen Gasgesetz

$$p \cdot V = N \cdot k_{\mathrm{B}} \cdot T \tag{11}$$

mit Bethe Formel (vgl. Gleichung 7) ergibt sich der Zusammenhang $p \propto \frac{1}{x}$, sodass für die Beziehung zwischen Weglänge und Luftdruck gilt:

$$P \cdot L = p \cdot l \tag{12}$$

Hierbei ist L die Weglänge bei Normaldruck, l die Weglänge bei angepasstem Druck, p der angepasste Druck und P der Normaldruck. Daraus ergibt sich, dass bei doppeltem Druck die halbe Reichweite erreicht wird, weil doppelt so viele Stöße aufgrund der doppelten Dichte der Luftmoleküle auf gleicher Weglänge auftreten.

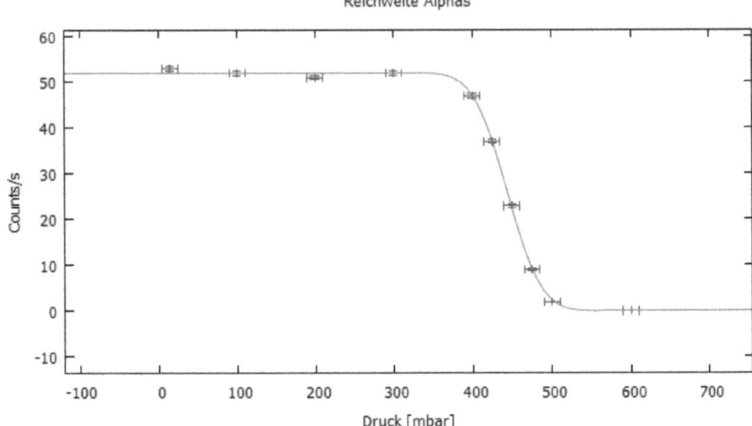

Abbildung 7: Reichweite der Alphastrahlung
Funktion des Fits: $a \cdot (1 - erf(b \cdot (x - p)))$

Die Parameter des Fits sind:

$$a = 26,0 \pm 0,2$$
$$b = 0,0212 \pm 0,0006$$
$$p = (444,1 \pm 0,7)mbar$$
$$\text{reduziertes } \chi^2 = 0,4$$

Dabei ist p der Druck bei der die Halbwertszählrate erreicht ist.
Mit diesem folgt nach Gleichung 12 und dem gemessenen Abstand Quelle-Detektor
$l = (50 \pm 5)mm$ und Normaldruck $P = 1013,25mbar$:

$$L = (21 \pm 2)mm$$

Der Fehler ermittelt sich nach Gaußscher Fehlerfortpflanzung:

$$\Delta L = \sqrt{(\frac{p}{P} \cdot \Delta l)^2 + (\frac{l}{P} \cdot \Delta p)^2} \tag{13}$$

Der Fehler resultiert hauptsächlich aus dem hohen Fehler beim Abschätzen der
Entfernung Quelle-Detektor, welche nur grob per Auge und halten eines Lineals
im Sichtfeld abgeschätzt werden konnte (hier 10% Ungenauigkeit angenommen).

Die theoretische Reichweite ermittelt sich nach dem Reichweitengesetz von Geiger Gleichung 8. Bei einer Energie von $E = 4,5MeV$ ergibt sich ein Wert von $R = 29,6mm$.

Die gemessene Reichweite liegt deutlich unter der theoretisch Berechneten.

Daraus kann geschlossen werden, dass die Energie der Alphateilchen deutlich niedriger ist als die $4,5MeV$ die oben angenommen wurden.

Stellt man Gleichung 8 nach der Energie um, erhält man für die gemessene Reichweite einen Wert von ca. $3,6MeV$, bei der die tatsächliche Energie der Alphateilchen zu liegen scheint.

4.5 Energieverlust von α-Strahlung in Luft

Dieser Versuchsteil wird nun in der Spektroskopiekammer durchgeführt. Erster Schritt ist hier die Energie-Kanal-Kalibrierung, um den verschiedenen Messkanälen schließlich auch einen Energiewert zuordnen zu können. Hierzu wurde das Spektrum der Radium-Quelle bei minimalem Druck über 5 min Detektorlivetime aufgenommen. Da das Barometer bei Druckwerten unter 50 Torr sehr ungenau wird und Werte unter 20 Torr garnicht erst anzeigt, wird der minimale Druck wie in der Versuchsanleitung beschrieben auf etwa 6 Torr angenommen.

Die Zerfallsenergien von Radium sind bekannt, sodass die Peaks des Spektrums jeweils auf den zugehörigen Energiewert gesetzt werden können. Man erhält eine Kalibrationsgerade mit der für alle folgenden Spektren die Umrechnung Kanal nach Energie erfolgt.

In Abbildung 8 ist das Radiumspektrum mit den zugehörigen Gaussfits für die vier Peaks zu sehen. Die Kanalerwartungswerte, welche den Energien zugeordnet werden zeigt Tabelle 3:

Tabelle 3: Kanalerwartungswert der vier Peaks mit zugehöriger Energie

Kanal(Δ Kanal)	E [MeV]
677.0(0,7)	4,87
829.7(0,3)	5,40
973.4(0,5)	6,00
1403.4(0.2)	7,69

Das χ^2 des Gesamtfits liegt bei 1,38. Der Fehler von durchgehend weniger als einem Kanal wird bei einer Gesamtkanalzahl von mehr als 2000 vernachlässigt. Die Werte aus Tabelle 3 ergeben eine Kalibrationsgerade zu sehen in Abbildung 9.

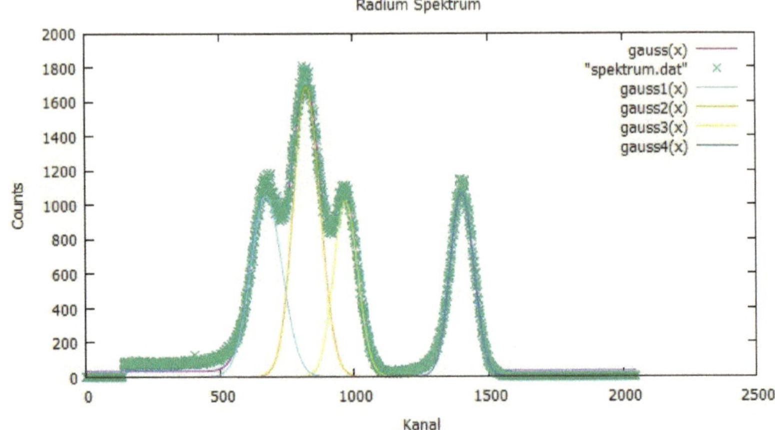

Abbildung 8: Spektrum der Radiumquelle bei minimalem Druck mit zugehörigen Gaussfits für alle Peaks

Die Parameter des Geradenfits sind:

$$m = (0,00391 \pm 0,00007)MeV$$
$$b = (2,19 \pm 0,07)MeV$$
$$\chi^2 = 0,14$$

Für die Kalibrationsgerade erhält man somit:

$$E = (0,00391 \pm 0,00007)MeV \cdot x + (2,19 \pm 0,07)MeV \tag{14}$$

Mit dieser Gleichung wird im Folgenden die Umrechnung von Kanal zu Energie durchgeführt.

Nun ist es Ziel, den Energieverlust von Alphastrahlen in Luft zu messen. Hierzu ist eine Variation des Abstandes von Detektor zu Quelle nötig, da der Energieverlust pro Wegstrecke gesucht ist. Dies ist analog zu Versuchteil 4 auch in dieser Kammer nicht möglich, sodass erneut durch Druckvariation die äquivalente Länge bei Normaldruck verändert wird. Bei der Umrechnung gilt erneut Gleichung 12.

Es wird jeweils das Radium-Spektrum bei den Drücken von 50 bis 600 Torr in 25 Torr Schritten über erneut 5 min Livetime aufgenommen. Zu erkennen ist, dass sich das Spektrum mit zunehmendem Druck in den energieärmeren Bereich

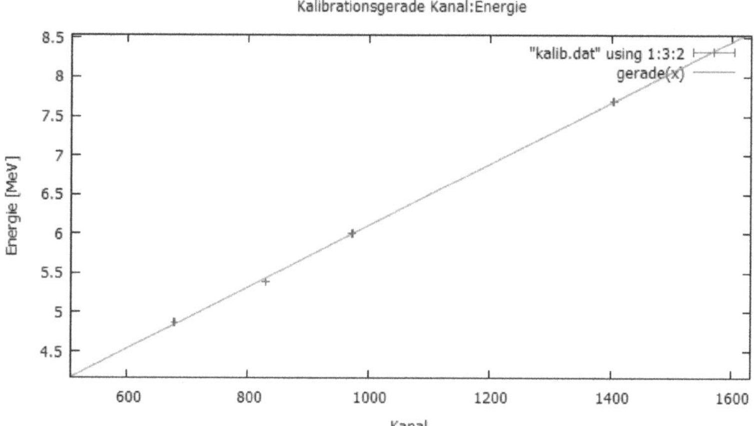

Abbildung 9: Kanalzahl gegen Energie der vier Peaks mit Fit der Kalibrationsgerade

verschiebt. Ab 550 Torr ist selbst der energiereichste Peak nicht mehr vollständig auf der Energieskala zu erkennen. Die Messungen bei 575 und 600 Torr wurden zur Kontrolle durchgeführt.

Die dadurch erhaltenen Spektren wurden alle mit einem Gaussfit analog zum Radiumspektrum gefittet und die Kanalerwartungswerte mit Gleichung 14 umgerechnet. Die Drücke wurden mit Gleichung 12 in die Weglänge umgerechnet und die Ergebnisse sind in Tabelle 4 zu sehen.

Der letzte Messpunkt wurde nachträglich eingefügt und nicht gemessen. Er basiert auf der Überlegung, dass z.B. beim letzten Peak schon bei 550 *Torr* dieser nicht mehr vollständig auf der Energieskala sichtbar war und somit bei 650 *Torr* angenommen wird, dass die gesamte Energie absorbiert ist. Für die anderen Peaks wurde diese Vorgehensweise übernommen. Der Energieverlust bei zunehmender Weglänge ist in Abbildung 10 aufgetragen. Man erkennt deutlich die Zunahme des Gesamtenergieverlustes bei zunehmender Weglänge. Bei genauerer Betrachtung ist auch eine Zunahme der Steigung des Datenverlaufes erkennbar. Die Messpunkte die jeweils als letztes kommen sind die angenommenen Wegstrecken bei denen die Gesamtenergie auf Null abgefallen ist.

Tabelle 4: Weglänge mit zugehöriger Energie der Aplhastrahlun für alle 4 Peaks

$L \pm 0,8 \ [mm]$	$E_1[MeV]$	$E_2[MeV]$	$E_3[MeV]$	$E_4[MeV]$
4,1	4,6	5,2	5,8	7,5
6,1	4,4	5,0	5,6	7,3
8,1	4,1	4,7	5,3	7,1
10,1	3,8	4,5	5,1	6,9
12,2	3,5	4,2	4,8	6,6
14,2	3,2	3,9	4,6	6,4
16,2	2,9	3,6	4,3	6,2
18,2	/	3,6	4,1	6,0
20,3	0	3,1	3,8	5,8
22,3	/	2,9	3,5	5,6
24,3	/	/	3,2	5,3
26,4	/	0	3,0	5,1
28,4	/	/	/	4,9
30,4	/	/	0	4,5
32,4	/	/	/	4,3
34,5	/	/	/	4,0
36,5	/	/	/	3,8
38,5	/	/	/	3,6
40,5	/	/	/	3,3
42,6	/	/	/	3,0
52,7	/	/	/	0

Den Energieverlust pro Wegstrecke erhält man durch einsetzen in die Bethe-Formel (vgl. Gleichung 7). Trägt man diesen nun gegen die Wegstrecke auf wie in Abbildung 11 erhält man den typischen Verlauf einer Braggkurve.

Man erkennt gut den Peak der Braggkurve und den nachfolgenden schnellen Abfall. Auch die Krümmung der Kurve vor dem Peak entspricht dem des Braggverlaufes. Durch mehr Messungen im Bereich des Peaks und der abfallenden Flanke könnte die Übereinstimmung noch erhöht werden. Gerade jedoch Messpunkte auf der abfallenden Flanke zu erhalten ist schwierig, da man dann schon bei kleinen Energien angelangt ist und so die Peaks schwierig zu bestimmen sind. In Abbildung 12 ist jeweils die maximale Countzahl bei jeweiliger Weglänge aufgetragen. Man erkennt deutlich die Stufen in dem allgemeinen Abfall. Diese lassen sich dadurch erklären, dass zu diesen Weglängen das vorherige Maximum aus der Energieskala läuft und der nächste Peak nun das Maximum darstellt. Der allgemeine Abfall resultiert aus der längeren Weglänge, also mehr Stoßmöglichkeiten für die Alphateilchen.

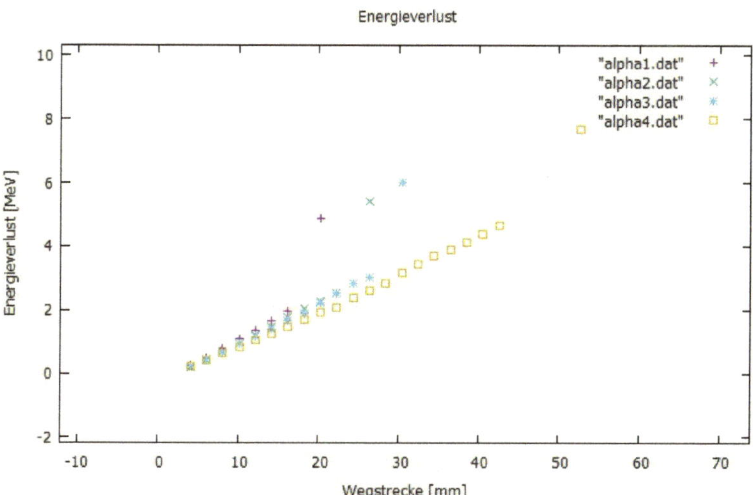

Abbildung 10: Energieverlust bei zunehmender Weglänge für die vier Peaks des Radiumspektrums

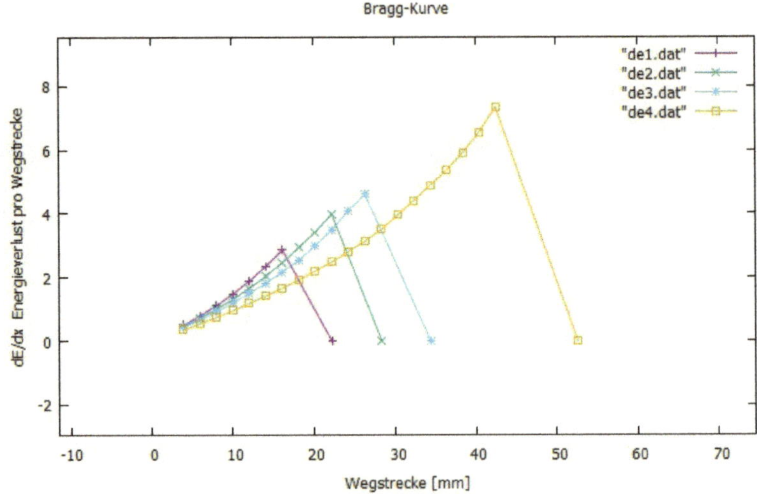

Abbildung 11: Energieverlust pro Weglänge bei zunehmender Weglänge auch bekannt als Braggkurve

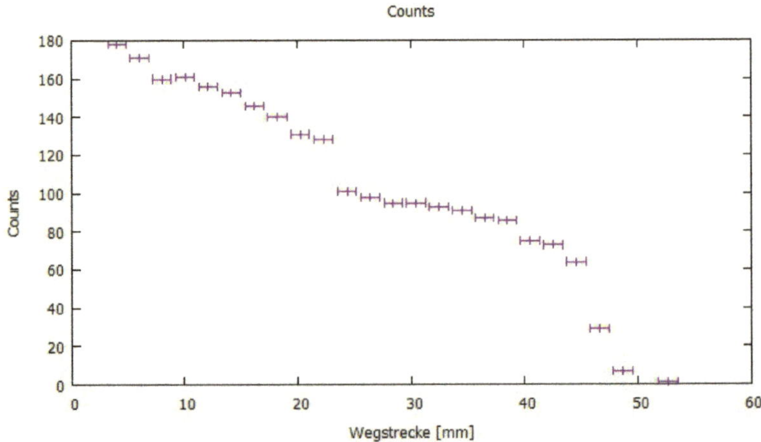

Abbildung 12: Höchste Countzahl bei jeweiliger zurückgelegten Weglänge

20

4.6 Abschirmung von Alphastrahlung

In diesem Versuchsteil wird die Abschirmung von Alphastrahlung durch Alufolie
und zwei verschieden dicken Papierarten untersucht. Hierzu wurde in der Spektroskopiekammer zwischen Detektor und Quelle jeweils das Abschirmungsmate-
rial auf der mikrooptischen Bank montiert und bei Minimaldruck das Spektrum
aufgezeichnet. Die Messung wurde über 5 min Livetime aufgenommen. Die drei
Spektren von Aluminium, Bibelpapier und normalem Papier, sowie ein Referenz-
spektrum bei $50\,Torr$ sind in Abbildung 13 zu erkennen.

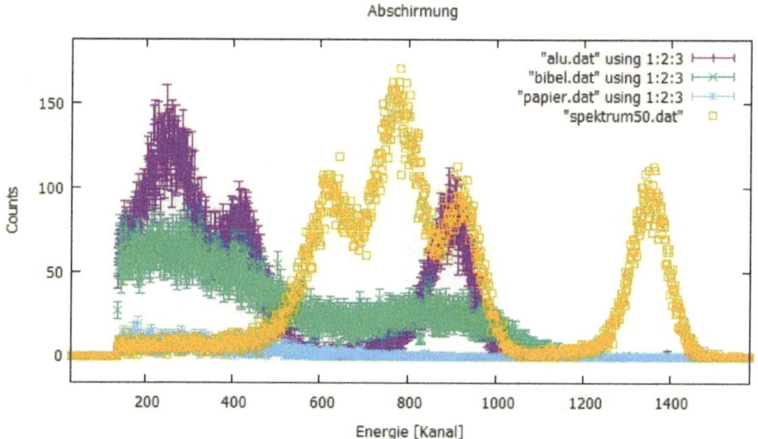

Abbildung 13: Spektrum der Radium-Quelle abgeschirmt durch Aluminiumfo-
lie(lila), dünnes Bibelpapier(grün), normal dickes Papier(blau)
und nicht abgeschirmt als Referenz(gelb)

Man erkennt deutlich, dass Alphastrahlung die eine Alufolie passiert, im Spektrum bei einer deutlich niedrigeren Energie auftaucht jedoch die Intensität kaum
verringert ist. Nach einer Seite Bibelpapier sinkt die Intensität der Strahlung auf
etwa die Hälfte, die Reststrahlung hat näherungsweise dieselbe Energie wie nach
passieren einer Alufolie. Durch eine Seite Papier wird fast die gesamte Alphastrahlung abgeschirmt und die Energie der Reststrahlung ist so stark verringert,
dass man von einer vollständigen Abschirmung sprechen könnte. Man erkennt also, dass erst eine Seite des normalen Schreibpapiers einen wirksamen Schutz vor
austretender Alphastrahlung darstellt.

5 Fazit

Die Gültigkeit der Rutherford-Gleichung konnte durch die Wiederholung des historischen Versuches in dem Alphastrahlung an einer dünnen Goldfolie gestreut und ihre winkelabhängige Verteilung untersucht wurde, nachgewiesen werden. Die Messung wurde mit einer Aluminiumfolie wiederholt und aus den Messwerten konnte erfolgreich die Kernladungszahl von Aluminium auf 13e bestimmt werden. Für die Messung des Aluminiumspektrums empfiehlt es sich allerdings einen kleineren Winkelbereich zu betrachten da die Alphastrahlen schwächer abgelenkt werden als an deutlich stärker geladenen Gold-Atomkernen.

Es konnte außerdem durch die Messung der Druckabhängigkeit der Zählrate nachgewiesen werden, das Alphastrahlen bei Normaldruck nur eine Reichweite von wenigen Centimetern besitzen. Für die Alphastrahlen des Americium Präparats konnte eine ungefähre Reichweite von $L = (21 \pm 2)mm$ bestimmt werden.

In einer zweiten Vakuumkammer wurde zeitgleich der Energieverlust von Alphastrahlen in Luft untersucht. Im Laufe des Versuches konnte so mithilfe der Bethe-Formel der Verlauf einer Bragg-Kurve repliziert werden. Wie erwartet stieg der differentielle Energieverlust der Teilchen mit steigender Wegstrecke an, bis das Teilchen seine gesamte Energie abgegeben hat und der Energieverlust pro Wegstrecke auf Null abfällt. Es konnte auch beobachtet werden, das die Zählrate mit steigendem Druck auch vor Erreichen der theoretischen Reichweite abnimmt.

Bei der Untersuchung des Abschirmverhaltens verschiedener Materialien konnte festgestellt werden, dass Alufolie Alphastrahlen mit fast unverminderter Intensität passieren lässt, wohingegen ein einfaches Blatt Papier einen Großteil der Strahlung abfängt.

Literatur

[1] Chemie-Lexikon: Wirkungsquerschnitt `http://www.chemie.de/lexikon/Wirkungsquerschnitt.html` (22.12.15)

[2] Wikipedia: Rutherford-Streuung `https://de.wikipedia.org/wiki/Rutherford-Streuung` (22.12.15)

[3] Wikipedia:Bethe-Formel `https://de.wikipedia.org/wiki/Bethe-Formel` (22.12.15)

[4] „Braggkurve von Alphas in Luft" von Helmut Paul - Eigenes Werk. Lizenziert unter Gemeinfrei über Wikimedia Commons - `https://commons.wikimedia.org/wiki/File:Braggkurve_von_Alphas_in_Luft.png#/media/File:Braggkurve_von_Alphas_in_Luft.png` (22.12.15)

[5] Wikipedia: Abschirmung (Strahlung) `https://de.wikipedia.org/wiki/Abschirmung_%28Strahlung%29` (22.12.15)

[6] Versuchsanleitung zum Fortgeschrittenen Praktikum Versuch 7 (Stand: 26. Juni 2012)